ABRÉGÉ
DES CALCULS
APPLIQUÉS

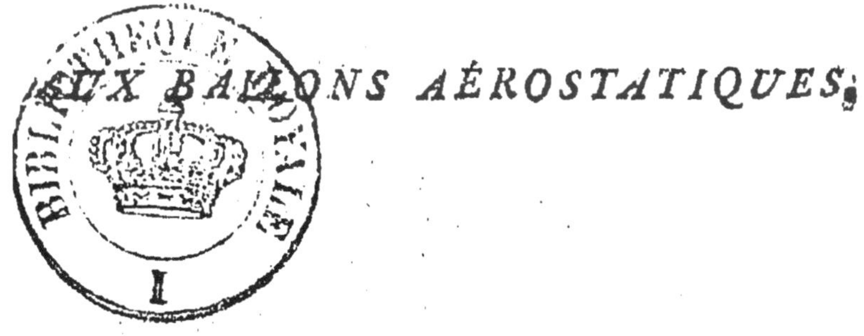

AUX BALLONS AÉROSTATIQUES,

ABRÉGÉ DES CALCULS APPLIQUÉS *AUX BALLONS AEROSTATIQUES;*

CONTENANT UNE NOUVELLE MÉTHODE pour en connoitre la surface & le volume, le poids qu'ils peuvent elever & leur vitesse ascensionnelle; différents problêmes pour en trouver dans tous les cas la distance; la hauteur perpendiculaire & la vitesse horizontale; les calculs relatifs à leur direction en faisant usage des Rames, & une Table des hauteurs auxquelles ils doivent s'élever suivant le rapport de leur poids total à celui d'un pareil volume d'air.

Par M. ETEVENARD, Maître de Mathématiques.

A LYON,

DE L'IMPRIMERIE DE LA VILLE.

Et se trouve chez l'Auteur, rue de la Gerbe, Maison Moniat.

M. DCC. LXXXV.

ABRÉGÉ DES CALCULS

Appliqués aux Ballons Aérostatiques.

QUOIQUE nous supposons que le lecteur ait la connoissance des calculs numériques & de quelques principes de Mathématiques, nous rappellerons cependant pour l'intelligence de ceux à qui cela pourroit être utile, que les quatre signes $=$, $+$, $-$, $\times$, signifient; savoir, le premier *égale*, le second *plus*, le troisieme *moins*, & le quatrieme *multiplié par*; ainsi au lieu d'écrire 8 plus 4 moins 2, égale 10, nous écrirons $8 + 4 - 2 = 10$. Au lieu de 4 multiplié par 5 égale 20, nous écrirons $4 \times 5 = 20$. La virgule sert aussi à séparer un nombre entier d'une fraction décimale, ainsi 4, 35 est la même chose que $4 \frac{35}{100}$.

Dans une proportion les deux points (:) signifient *est à*, & les quatre points (::) signifient *comme*. Ainsi la proportion 4 : 6 :: 12 : 18, se prononce 4 est à 6 comme 12 est à 18.

On démontre en Géométrie : 1°. que la surface d'un cercle évaluée en pieds quarrés est égale à sa circonférence multipliée par le quart du diametre ; 2°. que la surface d'une sphere est égale au produit de sa circonférence par le diametre, ou, ce qui est la même chose, est égale à quatre de ses grands cercles ; 3°. que sa solidité ou volume, évaluée en pieds cubes, est égale à sa surface multipliée par la sixieme partie du diametre, ou au quarré du diametre par la sixieme partie de la circonférence ; 4°. que les circonférences de deux cercles sont entr'elles comme leurs diametres ; 5°. leurs surfaces comme les quarrés de leurs diametres ; 6°. enfin, que les solidités de deux spheres sont entr'elles comme les cubes de leurs diametres ; ainsi supposant deux Globes ou Ballons sphériques, dont le premier aura un pied de diametre, & le second deux pieds, leurs circonférences seront entr'elles :: 1 : 2, leurs surfaces :: 1 : 4, & leurs solidités :: 1 : 8.

Le rapport du diametre à la circonférence d'un cercle eſt de 7 à 22. Donc, pour trouver la circonférence d'un Globe, par exemple, de 40 pieds de diametre, on ſera cette proportion 7 eſt à 22, comme 40 eſt à un quatrieme terme, qui eſt 125 pieds $\frac{5}{7}$ pour la circonférence demandée; en la multipliant par le diametre, le produit ſera 5028 pieds quarrés $\frac{4}{7}$ pour la ſurface du Globe, & multipliant cette ſurface par la ſixieme partie du diametre qui eſt 6 $\frac{2}{3}$, le produit ſera 33523 pieds cubes $\frac{17}{21}$ pour le volume du globe donné.

Nous placerons ici une méthode plus ſimple que la précédente & qui a ſon avantage dans beaucoup d'occaſions pour la meſure des eſpaces circulaires & des corps ſphériques. Nous réduirons pour cela les eſpaces circulaires en pieds cercles, & le volume des corps ſphériques en pieds ſphériques. Nous entendons par pieds cercles la ſurface d'un cercle d'un pied de diametre, & par pieds ſphériques le volume d'un Globe ~~ſphérique~~ d'un pied de diametre; ainſi pour trouver l'eſpace en pieds cercles d'un cercle de 100 pieds de diametre, il ſuffit de quarrer ſon diametre, ce qui donnera 10000 pieds cercles; car d'après ce que nous avons dit, la ſurface d'un cercle d'un pied de diametre eſt à celle d'un cercle de 100 pieds de diametre, comme le quarré de 1 eſt au quarré de 100 ; & pour avoir le volume ou le nombre des pieds ſphériques de gaz ou air inflammable que renfermera un Ballon ſphérique, on cubera ſon diametre ; s'il s'agit donc d'un Ballon de 100 pieds de diametre, on cubera 100, ce qui donnera un 1000000 de pieds ſphériques ; parce qu'un Globe d'un pied de diametre eſt à un Globe de 100 pieds comme le cube de 1 eſt au cube de 100. Ainſi regle générale, pour avoir la ſurface d'un cercle, en pieds cercles, il faut quarrer ſon diametre, & puiſque la ſurface d'un Ballon que nous ſuppoſerons toujours ſphérique eſt égale à quatre de ſes grands cercles, pour avoir ſa ſurface on prendra le quadruple du quarré de ſon diametre ; & pour avoir ſon volume en pieds ſphériques on cubera ſon diametre.

Par conſéquent, ſi on demande le diametre d'un cercle dont la ſurface eſt de 400 pieds cercles, on extraira la racine quarrée de 400, ce qui donnera 20 pieds pour le diametre du cercle ; donc auſſi la racine quarrée du quart de la ſurface d'un Globe évaluée en pieds cercles, exprimera le diametre ; & si la solidité ou capacité est exprimée en pieds sphériques, on aura encore le diametre en en extrayant la racine cubique.

La surface d'un cercle en pieds quarrés est égale au diametre multiplié par le quart de la circonférence, & le quarré circonscrit à ce cercle est égal au diametre multiplié par le diametre ; en ôtant de part & d'autre les facteurs communs, les surfaces seront comme les facteurs inégaux ; donc le pied quarré est au pied cercle comme le diametre est au quart de la circonférence, c'est-à-dire : : 7 : $\frac{22}{4}$ ou : : 14 : 11.

La solidité d'une sphere évaluée en pieds cubes est égale au quarré du diametre multiplié par la sixieme partie de la circonférence, & le cube circonscrit à cette sphere est égal au quarré du diametre multiplié par le diametre ; en ôtant de part & d'autre le quarré du diametre, on voit que le pied cube est au pied sphérique comme le diametre est à la sixieme partie de la circonférence, c'est-à-dire : : 7 : $\frac{22}{6}$ ou : : 21 : 11. Ainsi le pied quarré est au pied cercle : : 14 : 11, & le pied cube est au pied sphérique : : 21 : 11.

Donc après avoir évaluée la surface d'un

Globe en pieds cercles, on peut la réduire en pieds quarrés par cette proportion 14 : 11, comme le nombre de pieds cercles donné est au nombre de pieds quarrés demandé ; & pour réduire les pieds sphériques en pieds cubes, on fera cette autre proportion, 21 : 11, comme le nombre de pieds sphériques donné est au nombre de pieds cubes cherché.

Pour avoir le poids de la surface d'un Ballon, on multipliera le quadruple du quarré de son diametre par le poids d'un pied cercle de sa surface ; & si on ne connoissoit que le poids d'un pied quarré, on trouveroit celui d'un pied cercle par cette proportion 14 : 11, comme le poids d'un pied quarré est au poids d'un pied cercle.

Il faut remarquer que de tous les corps à volumes égaux, ceux qui ont la forme sphérique ont toujours moins de surface. Par exemple, un Globe de 100 pieds de diametre aura plus de 7450 pieds quarrés de surface moins que le corps qui renfermera le même espace sous la forme cubique ; par conséquent à volumes égaux les Ballons sphériques seront toujours les plus légers.

La cause de l'ascension des Ballons Aérosttatiques découverts par M. de Montgolfier est que des fluides à volumes égaux, celui qui est le plus pesant tient toujours la premiere place vers le centre de la terre. Car, si l'on verse de l'eau sur de l'huile contenue dans un vase, on verra bientôt le premier prendre la place du second, parce que la pesanteur spécifique de celui-ci est moindre que celle du premier.

L'air pris dans le temps de glace, exposé à un feu capable de faire rougir le verre, se dilate des deux tiers suivant M. l'abbé Nollet ; donc le gaz, produit par le feu dans les machines Aérostatiques, n'est autre chose qu'un air d'autant plus léger ou plus dilaté (*a*) que le feu est plus grand & plus actif. Il faut néanmoins excepter les couches supérieures des vapeurs, qui en s'accumulant au haut du Ballon se condensent successivement, & forment une pluie fine qui en humecte la surface ; la différence à cet égard est d'autant plus grande que les matieres combustibles sont plus humides.

L'air est un fluide compressible, par

(*a*) Le terme moyen de cette dilatation est environ un tiers.

conſéquent les couches ſont d'autant plus denſes qu'elles approchent plus de la ſurface de la terre, puiſqu'elles ſont chargées du poids des couches ſupérieures.

Un Ballon rempli de gaz ou air inflammable doit donc s'élever avec une force égale à l'excès du poids d'un pareil volume d'air athmoſphérique, & cette force doit aller en diminuant juſqu'à ce qu'enfin le Ballon ſoit parvenu à une couche d'air, où à volumes égaux, les poids ſoient égaux.

On ſait, par expérience, qu'environ 800 pieds cubes d'air, pris à la ſurface de la terre, peſent un pied cube d'eau; 800 pieds ſphériques d'air peſeront donc un pied ſphérique d'eau (*a*). Suivant d'autres expériences un pied cube d'eau de pluie peſe 70 livres, on trouvera par conſéquent le poids d'un pied ſphérique d'eau par cette proportion, 21 : 11 :: 70 livres ſont à un quatrieme terme qui eſt 36 livres $\frac{2}{3}$; donc pour avoir le poids d'un volume d'air égal au volume d'un Ballon, on diviſera le cube de ſon diametre par 800, & on multipliera le quotient par 36 $\frac{2}{3}$.

Le poids de la ſurface ou enveloppe d'un

(*a*) Nous ferons abſtraction des cauſes qui concourent à augmenter ou à diminuer la denſité de l'air.

Ballon de 80 pieds de diametre étant de 7533 livres $\frac{1}{3}$, *& l'air inflammable ou le gaz dont il est rempli étant à l'air athmosphérique :: 1 : 8, quel poids faudroit-il ajouter au Ballon, pour le tenir en équilibre à la surface de la terre?*

Il faut calculer le poids d'un Globe d'air de 80 pieds de diametre, & en soustraire le poids du Ballon, y compris celui du gaz; ainsi le cube de 80 est de 512000 pieds sphériques d'air, lesquels étant divisés par 800 donnent 640 qui, étant multiplié par 36 $\frac{2}{3}$, produit 23466 livres $\frac{2}{3}$; suivant la question, le poids du gaz contenu dans le Ballon, n'est que la huitieme partie de celui d'un pareil volume d'air; c'est-à-dire, de 2933 livres $\frac{1}{3}$, qui, ajoutés avec les 7533 $\frac{1}{3}$ (poids de la surface du Ballon) font 10466 livres $\frac{2}{3}$ pour le poids total du Ballon rempli de gaz; la différence avec le poids d'un pareil volume d'air est de 13000 livres pour le poids demandé. En général, si a représente le poids de la surface d'un Ballon, b le poids du gaz dont il sera rempli, c celui d'un pareil volume d'air, & d le poids qui manque au Ballon pour le tenir en équilibre à la surface de la terre, on aura l'équation $d = c - a - b$

de laquelle trois des quantités étant connues on trouvera la quatrieme : si on suppose *a* pour l'inconnue on trouvera $a = c - b - d$, qui étant comparé avec le poids *c* donnera la pesanteur spécifique du gaz.

Trouver le diametre d'un Ballon, qui, étant rempli de gaz tel qu'il a été supposé dans la question précédente, fasse équilibre à un poids de 6000 livres, y compris celui de sa surface ?

Deux Ballons sphériques sont entr'eux comme les cubes de leurs diametres; s'ils sont remplis du même gaz, leurs forces ascensionnelles seront dans le même rapport; on peut voir dans la question ci-dessus que le poids outre celui du gaz qui fait équilibre à un Ballon de 80 pieds de diametre est égal à 20533 livres $\frac{1}{3}$; on fera donc cette proportion 20533 $\frac{1}{3}$: 6000 comme 512000 cubes de 80 est à un quatrieme terme qui sera le cube du diametre demandé; en faisant ainsi l'opération, on trouvera 149610 $\frac{50}{77}$, dont la racine cubique est à peu près 53 pieds.

La force ascensionnelle d'un Ballon de 30 pieds de diametre étant par exemple de 600 livres, y compris le poids de sa surface, trouver celle d'un Ballon de quarante pieds de diametre rempli du même gaz ?

On fera cette proportion, le cube de 30 eſt au cube de 40 comme 600 eſt à un quatrieme terme qui ſera 1422 livres $\frac{2}{9}$.

Trouver par le moyen du Barometre, la hauteur à laquelle on s'eſt élévé dans un Ballon ?

A meſure qu'on s'éleve au deſſus de la ſurface de la terre on voit ſenſiblement la colonne du mercure baiſſer dans le Barometre, & d'après les expériences qui ont été faites (*a*), on peut compter en partant du niveau de la Mer 10 toiſes 1 pied d'élévation pour la premiere ligne d'abaiſſement du mercure, 10 toiſes 2 pieds pour la ſeconde, 10 toiſes 3 pieds pour la troiſieme; ainſi de ſuite, toujours en augmentant d'un pied pour chaque ligne; on peut ſuivre cette regle juſqu'à la hauteur de 10 à 1200 toiſes, & elle ſervira au Navigateur Aérien pour trouver la hauteur à laquelle il s'eſt élevé, en ſachant à quelle hauteur au deſſus du niveau de la Mer ſe trouve l'endroit où ſe fait l'expérience.

En ſuppoſant donc qu'étant parvenu à une certaine hauteur on ait obſervé le mercure du Barometre à 40 lignes au deſſous de la graduation qu'il devoit marquer au

(*a*) Voyez la phyſique de Nollet, tom. 3, pag. 347.

niveau de la Mer, au moment du départ; en supposant aussi la même température de l'air depuis ce moment jusqu'à celui de l'observation; pour avoir la hauteur, il faut prendre 10 toises 40 fois, ce qui fait 400 toises, plus la somme des pieds des 40 termes de la progression arithmétique, dont le premier terme est 1, la raison 1, & le dernier terme 40 auquel on ajoutera le premier terme, ce qui fera 41, qui, étant multiplié par 20 moitié du nombre des termes de la progression, produit 820 pieds ou 136 toises 4 pieds, qui, avec les 400 toises ci-dessus, font 536 toises 4 pieds pour la hauteur demandée, de laquelle il faudra diminuer la hauteur, au dessus du niveau de la Mer, de l'endroit où s'est faite l'expérience.

Si le poids d'un Ballon, y compris celui du gaz, n'étoit que la moitié du poids d'un pareil volume d'air, il s'éleveroit à une région où la densité de l'air seroit moitié de celui qui est à la surface de la terre; or, d'après la loi barométrique, la densité de la couche d'air, qui répond à chaque ligne d'abaissement du mercure, est en raison inverse de son épaisseur (*a*).

(*a*) Nous entendons par le mot épaisseur la dimension verticale de la couche d'air qui répond à chaque ligne d'abaissement du mercure dans le Barometre.

On ſe trouveroit donc dans la région ci-deſſus, lorſqu'on compteroit 62 lignes d'abaiſſement du mercure; car l'épaiſſeur de la couche d'air qui répond à la 62me. ligne d'abaiſſement du mercure eſt 10 toiſes, plus 62 pieds ou 20 toiſes 2 pieds, ce qui eſt préciſement le double de 10 toiſes 1 pied, épaiſſeur de la couche qui répond à la premiere ligne. Si on prend la ſomme des 62 termes en progreſſion arithmétique, dont le premier terme eſt 1 pied, & la raiſon 1, plus 62 fois 10 toiſes, on aura 945 toiſes 3 pieds pour la hauteur de la couche d'air dont la denſité eſt moitié de celle qui eſt à la ſurface de la terre. Donc un Ballon de quelque grandeur qu'il ſoit, rempli de gaz moitié plus léger que l'air athmoſphérique, ne pourra s'élever à cette hauteur, parce qu'à cauſe de ſon enveloppe ſon poids total excédera toujours la moitié de celui d'un pareil volume d'air (*a*).

Le poids d'un Ballon de 100 pieds de diametre étant connu, trouver à quelle hauteur il s'éleveroit avec un gaz moitié plus léger que l'air commun?

(*a*) Les chaleurs ordinaires de l'été dilatent l'air d'environ $\frac{1}{7}$. Un Ballon doit donc enlever un poids plus conſidérable en hiver qu'en été.

Le poids d'un pareil volume d'air égale $\frac{6000000}{800} \times 36\frac{2}{3} = 45833$ livres $\frac{1}{3}$. Le poids du gaz contenu dans le Ballon feroit donc de 22916 livres $\frac{2}{3}$, & en fuppofant que l'enveloppe, les Voyageurs & les provifions pefent 9000 livres, le poids total feroit de 31916 livres $\frac{2}{3}$, le Ballon s'éleveroit donc à une couche d'air dont la denfité feroit à celle qui eft à la furface de la terre : : 31916 $\frac{2}{3}$: 45833 $\frac{1}{3}$, & l'épaiffeur de chaque couche étant en raifon inverfe de fa denfité, on trouvera l'épaiffeur de la couche dont il s'agit par cette proportion 31916 $\frac{2}{3}$ eft à 45833 $\frac{1}{3}$, comme 61 pieds, épaiffeur de la couche qui répond à la premiere ligne d'abaiffement du mercure dans le Barometre, font à un quatrieme terme qui eft environ 87 pieds $\frac{1}{2}$ pour l'épaiffeurde la couche; mais l'épaiffeur d'une couche étant compofée de 10 toifes, plus autant de pieds qu'on comptera de lignes d'abaiffement du mercure à cette même couche; fi de 87 pieds $\frac{1}{2}$ on retranche dix toifes ou foixante pieds, le refte fera 27 $\frac{1}{2}$, ce qui fait voir que la couche ci-deffus répond au milieu de la 28me. ligne d'abaiffement du mercure dans le Barometre. Maintenant, fi on prend la fomme des 27 termes $\frac{1}{2}$ de la progreffion arithmétique, on aura 390 pieds ou 65 toises, qui étant ajoutées à 10 toises multipliées par 27 $\frac{1}{2}$, feront en tout 340 toises pour la hauteur à laquelle le Ballon s'éleveroit (*a*).

On trouvera à la fin de cet ouvrage une Table des hauteurs auxquelles doit s'élever un Ballon suivant le rapport du poids d'un pareil volume d'air au poids total du Ballon, & une Table de la distance à laquelle la vue du Navigateur Aérien peut s'étendre de toutes parts sur la surface de la Mer à divers degrés d'élévation. On verra, par exemple, qu'un homme élevé à 403 toises peut voir ou être vu à plus de 24 lieues à la ronde.

Remarque. Quoique la lune soit plus près de nous, quand elle est à notre zénith, que quand elle est à l'horizon, elle nous paroît cependant plus petite, (Voyez l'explication de cette illusion dans l'Astronomie de M. de Lalande, tome 2, article 1512.) C'est par cette même raison qu'un Ballon, élevé au dessus de nous, nous paroît plus

---

(*a*) Si on adoptoit un module Barométrique dont la raison de la progression Arithmétique fût différente, on ne résoudroit pas moins toutes les questions de cette espece, mais le résultat seroit d'autant plus petit que cette raison seroit plus grande.

petit que s'il étoit placé à pareille diſtance ſur une ligne horizontale, & que nous le jugeons d'abord plus élevé qu'il ne l'eſt réellement ; il n'eſt peut être perſonne qui n'ait remarqué qu'un homme placé en haut d'un mât paroît beaucoup plus petit, & par conſéquent plus éloigné que s'il étoit à pareille diſtance ſur la ſurface de la terre.

En calculant l'épaiſſeur de la couche d'air, qui répond, par exemple, à la 6e. ou 7e. ligne d'abaiſſement du mercure dans le Barometre, on aura la vîteſſe aſcendante ou deſcendante du Ballon en comptant le nombre de minutes & ſecondes de temps qu'emploîra le mercure à deſcendre ou à monter d'une ligne à l'autre ; ſi on ſuppoſe que le mercure ait employé 2 minutes de temps pour deſcendre de la 6e. ligne à la 7e. l'épaiſſeur de la couche d'air qui répond à la 7e. ligne d'abaiſſement du mercure eſt 10 toiſes, plus 7 pieds, ce qui fait 11 toiſes 1 pied pour la vîteſſe aſcendante du Ballon pour 2 minutes de temps à la hauteur de 74 toiſes 4 pieds qui répond à ce terme ; ce ſeroit la vîteſſe deſcendante ſi le mercure au lieu de deſcendre étoit monté de la 7e. ligne à la 6e.

Connoiſſant

Connoissant le poids de l'enveloppe d'un Ballon de 100 pieds de diametre qu'on suppose s'être élevé à la hauteur qui répond à la 21e. ligne d'abaissement du mercure dans le Barometre ; trouver la pesanteur spécifique du gaz dont il est rempli ?

L'épaisseur de la couche d'air correspondante à la 21e. ligne d'abaissement du mercure est de 10 toises, plus 21 pieds, ce qui fait 81 pieds. Ainsi l'épaisseur de la couche qui correspond à la premiere ligne d'abaissement du mercure est à celle qui correspond à la 21e. ligne :: 61 : 81 ; donc, d'après ce que nous avons dit précédemment, le poids du Ballon y compris celui du gaz est au poids d'un pareil volume d'air :: 61 : 81 ; le poids d'un pareil volume d'air égale 45833 $\frac{1}{3}$; pour trouver le poids total du Ballon, on fera cette proportion 81 : 61 :: 45833 $\frac{1}{3}$ est à un quatrieme terme qui est 34516 $\frac{112}{243}$. Supposons maintenant que le poids du Ballon, outre celui du gaz, soit de 23058 livres $\frac{31}{243}$, en les ôtant du poids total 34516 $\frac{112}{243}$, le reste sera 11458 $\frac{1}{3}$, pour le poids du gaz contenu dans le Ballon, & qui est au poids d'un pareil volume d'air trouvé ci-dessus comme 1 est à 4. Ainsi pour résoudre toutes questions de cette eſpece, regle générale, calculez l'épaiſſeur de la couche d'air à laquelle on s'eſt élevé dans le Ballon; faites enſuite cette proportion; l'épaiſſeur de la couche d'air à laquelle on s'eſt élevé eſt à 61 comme le poids du volume d'air égal au volume du Ballon eſt à ſon poids total, duquel on ôtera le poids connu de l'enveloppe & des Voyageurs, le reſte ſera le poids du gaz, dont on aura le rapport avec le poids d'un pareil volume d'air.

La ſurface d'un Ballon étant connue, trouver l'effort qu'elle éprouveroit par la preſſion de l'air environnant?

La hauteur moyenne de la colonne du mercure dans le Barometre au niveau de la Mer eſt de 28 pouces; on conclut de là qu'une colonne d'air de même hauteur que l'athmoſphere eſt égale au poids d'une colonne de mercure de même baſe & de 28 pouces de hauteur ou de deux pieds $\frac{1}{3}$. L'air preſſe également de toutes parts, de bas en haut, comme de haut en bas. Suppoſons un Ballon de 100 pieds de diametre, dont la ſurface en pieds quarrés eſt par conſéquent 31428 $\frac{4}{7}$. On ſait que la peſanteur ſpécifique du mercure eſt à celle de l'eau :: 14 : 1, le pied cube de mercure pese donc 14 fois 70 livres ou 980 livres; qui, étant multipliés par 2 pieds $\frac{1}{3}$, hauteur de la colonne du mercure du Barometre, produisent 2286 livres $\frac{2}{3}$, pour l'effort qu'éprouveroit un pied quarré de surface, lesquelles étant multipliées par 31428 $\frac{4}{7}$, donnent 71866666 livres $\frac{2}{3}$ pour l'effort total auquel le ressort du gaz introduit dans le Ballon doit faire équilibre. On voit par là que si on faisoit le vuide (en pompant l'air) dans un Ballon fait en cuivre ou autre métal de la grandeur ci-dessus, il ne pourroit résister à un effort si considérable qui tendroit à lui faire perdre sa forme ou à crever sa surface, malgré toute la force qu'il seroit possible de lui donner, eu égard au poids qu'on se proposeroit d'enlever.

Le cube, circonscrit àun cylindre, est à ce cylindre comme le diametre est au quart de la circonférence; c'est-à-dire :: 7 : $\frac{22}{4}$ ou :: 14 : 11. On trouvera donc le poids d'un cylindre de mercure de 28 pouces de hauteur sur un pied cercle de base, par cette proportion 14 est à 11 comme 2286 livres $\frac{2}{3}$ sont à un quatrieme terme qui est 1796 livres $\frac{2}{3}$, lesquelles étant multipliées par 40000 pieds cercles, surface du Ballon de 100 pieds de diametre produiſent 71866666 livres $\frac{2}{3}$, comme ci-deſſus.

En nommant n le nombre de termes d'une progreſſion géométrique, u le plus grand terme, a le plus petit, r la raiſon, & L le mot Logarithme, on a l'équation générale $n = \frac{Lu - La}{Lr} + 1$; ſi on propoſe de pomper les trois quarts de l'air contenu dans un Ballon de 100 pieds de diametre avec une machine pneumatique, dont le corps de pompe aura 1 pied ſphérique de capacité, on verra que la quantité d'air qu'on pompera à chaque coup de piſton, formera une progreſſion géométrique dont le premier ou le plus grand terme ſera $\frac{1000000}{1000001}$ d'un pied ſphérique, le dernier terme $\frac{2}{8}$, & la raiſon $\frac{1000001}{1000000}$; en mettant les Logarithmes de ces nombres, l'équation ci-deſſus ſe réduira à $n = \frac{-0{,}000000{,}43 + 0{,}602060}{0{,}000000{,}43} + 1 = \frac{60205957}{43} + 1 = 1400138{,}5 + 1$, c'eſt-à-dire, que pour ſatisfaire à la propoſition, il faudroit donner à peu près 1400139 coups de piſton, ce qui, à raiſon de 6 coups par minute, feroit un peu plus de 162 jours. Si on ne faiſoit le vuide qu'à moitié, il faudroit un tiers moins de temps & au contraire il faudroit un tiers plus de temps pour le faire aux ſept huitiemes, & ainſi de ſuite. (*a*).

De la Trigonométrie relativement aux Ballons Aéroſtatiques.

La lettre *B* dans les figures de la planche repréſentera toujours le Ballon dans les airs.

Premier cas (*fig.* 1.) Si le Ballon s'élevoit par une ligne verticale, un ſeul Obſervateur, étant à une diſtance connue du

---

(*a*) D'après ce que nous avons dit ſur la denſité des différentes couches d'air, il eſt évident que ſi à la hauteur d'environ 945 toiſes, on remplit d'air une veſſie, ſon volume aura diminué de la moitié, lorſqu'elle ſera parvenue à la ſurface de la terre ; parce que l'air qui en développoit la ſurface en premier lieu, étant moitié plus rare que celui qui eſt à la ſurface de la terre, ſe condenſera en ſe réduiſant en un volume moitié moindre pour être en équilibre avec ce dernier. Réciproquement ſi on remplit à moitié une veſſie d'air pris à la ſurface de la terre, ſa ſurface ſera entiérement développée à la hauteur ci-deſſus, ou ſon volume ſera double de celui qu'elle avoit à la ſurface de la terre; par conſéquent, ſi à cette même hauteur on élevoit un Ballon, dont le poids de la ſurface inflexible fût moindre que celui de la moitié d'un pareil volume d'air commun, en fermant les ouvertures qu'on y auroit pratiquées & l'abandonnant à lui-même, ſa vîteſſe ſeroit d'abord accélérée, & enſuite retardée, & il deſcendroit au deſſous de la couche d'air où, à volumes égaux, les poids ſeroient égaux; mais après l'extinction de cette vîteſſe, il remonteteroit à cette même couche, ſemblable à peu près aux corps qui par leur chûte ſe précipitent dans l'eau, & reparoiſſent enſuite à ſa ſurface.

point de départ, & mesurant dans le temps de l'ascension du Ballon l'angle *C* formé par la ligne visuelle au Ballon & par la base *A C*, trouvera la hauteur perpendiculaire *B A* pour le moment de l'observation par cette proportion ; le sinus du complément de l'angle *C* : *A C* : : sin. *C* : *A B*.

Second cas (*fig.* 2.) Si la hauteur perpendiculaire du Ballon répondoit sur quelques points de la base *A C* ou sur son prolongement *A P*, deux personnes, une au point *A* & l'autre au point *C*, observeront, dans le même instant indiqué par un signal, les angles *B C A*, *B A C* ; puis on fera cette proportion ; le sinus de l'angle *A B C*, supplément des deux angles observés, est à la base *A C* : : sin. *C* : *A B* ; & pour avoir la hauteur *B P* on fera cette proportion, le rayon ou *R* : *A B* : : sin. *B A P* supplément de *B A C* : *B P*.

Troisieme cas (*fig.* 3.) Si la hauteur perpendiculaire du Ballon répond à droite ou à gauche de la base *A C* ; pour la déterminer on fera trois observations, dans le même temps ; il faudra par conséquent trois personnes , une placée en *A* & les deux autres en *C*. Deux observeront , comme dans l'exemple précédent, les angles

BAC, *BCA*, tandis que la troiſieme obſervera l'angle *BCP*, formé par la ligne viſuelle au Ballon, & par *CP* tangente à la ſurface de la terre, qu'on imaginera paſſer au point *P* où tombe la perpendiculaire *BP*; dans le triangle *BAC*, on trouvera le côté *BC* par cette proportion, ſin. *ABC*, ſupplément des deux angles obſervés eſt à la baſe connue *AC* :: ſin. *BAC* : *BC*, & pour avoir la perpendiculaire *BP* on fera *R* : *BC* :: *ſin*. *BCP* : *BP*.

On trouvera la diſtance d'un Ballon par cette autre méthode.

L'Obſervateur, étant par exemple à une diſtance de 50 toiſes du Ballon avant ſon départ, meſurera l'angle ſous lequel il verra ſon diametre, le meſurera de nouveau après ſon départ, & fera cette proportion: le ſinus de l'angle de la derniere obſervation eſt au ſinus de l'angle de la premiere obſervation, comme la diſtance de 50 toiſes eſt à la diſtance demandée. Cette regle eſt fondée ſur ce que les angles, ſous leſquels on voit la grandeur d'un objet, ſont en raiſon inverſe de la diſtance de ce même objet, & que les angles étant petits, les ſinus ſont proportionels à ces angles.

Si dans le même temps qu'on mesurera l'angle *B A C* (*fig.* 4,) on mesure l'angle formé par la ligne visuelle *A C*, & la tangente *A P* qu'on imaginera passer au point où tombe la perpendiculaire *C P*, on connoîtra dans le triangle rectangle *A P C* l'hypothénuse *A C* par la regle précedente, & on trouvera la hauteur *C P* par cette proportion *R* : *A C* : : *sin.* *C A P* : *C P*.

On trouvera encore par une méthode plus simple la distance d'un Ballon, dont le diametre sera connu, en observant au point *A* sous quel angle on verra sa grandeur, & faisant attention que les angles *B*, *C*, (*fig.* 5,) sont égaux chacun à 90 degrés moins la moitié de l'angle *A*, par la raison que le triangle *B A C* est isocele. Pour trouver *A C*, on fera cette proportion; sin. *A* : *B C* : : sin. 90 degrés moins la moitié de l'angle *A* est à *A C* ou *A B*.

L'Observateur placé dans le Ballon (*fig.* 6,) connoîtra sa distance *B C* à un objet *C* sur la surface de la terre, en mesurant l'angle *C B A*, formé par la ligne *B C* & la perpendiculaire *B A* qu'il connoîtra par le module barométrique; dans le triangle rectangle *B A C*, il trouvera *B C* par cette proportion : sin. *C* complément de l'angle observé *A B C* : *A B* :: *R* : *B C*; & pour avoir la distance horizontale *A C* il fera cette autre proportion; *R* : *B C* :: sin. *C B A* : *A C*. Ce qui peut être utile en temps de guerre pour connoître la distance de l'ennemi.

Si on veut connoître la vîtesse horizontale d'un Ballon (*fig.* 6.) on déterminera, comme dans le cas précédent, la distance horizontale du point *A* au point *C*, pris sur la surface de la terre sous la direction du Ballon; & on comptera le nombre de minutes & secondes de temps écoulé pendant que le Ballon parcourra la ligne *B D* qui sera à peu près égale à *A C*.

Pour trouver, du Ballon, la distance réciproque *D C* (*fig.* 7,) de deux objets sur la surface de la terre qu'on suppose être à peu près au même niveau, trois Observateurs mesureront au même instant les angles *C B A*, *D B A* & *D B C* dans les triangles rectangles *B A C*, *B A D*; on déterminera, comme dans la figure 6, les distances *B C*, *B D*, ce qui donnera dans le triangle *C B D* deux côtés & l'angle compris; pour avoir *C D* on fera cette proportion, *B C* + *B D* : *B C* — *B D* :: tangente moitié de *B C D* + *B C D* est à tangente moitié de *B D C* — *B C D* qu'il faudra ajouter à la moitié de la somme de ces deux angles pour avoir l'angle *B D C*, après quoi on fera cette proportion, sin. *B D C* : sin. *D B C* : : *B C* : *C D*. On trouvera aussi les côtés *A C* & *A D* du triangle *A C D*, & par conséquent sa surface. Ce qui peut être utile dans plusieurs occasions.

On peut encore trouver la distance d'un Ballon par le moyen des signaux. On sait, par expérience, que le son, avec plus ou moins d'intensité, dans un temps calme ou quand sa direction est perpendiculaire à celle du vent, fait également 173 toises par seconde; donc, si l'Observateur Aérien, ou celui qui sera placé à la surface de la terre, compte le temps écoulé entre le moment de la lumiere & celui du son d'une boîte tirée par l'Observateur adverse en mettant pour chaque seconde de temps 173 toises, on aura la distance cherchée. Je suppose, par exemple, qu'on ait compté cinq secondes de temps entre le moment de la lumiere & celui du son, on multipliera 173 par 5, le produit sera 865 toises pour la distance demandée. Il faut à ce résultat soustraire ou ajouter la vîtesse du vent, suivant qu'elle est directe ou indirecte à la direction du son; mais il est rare dans ces sortes d'expériences de s'assurer exactement du temps qui s'écoule entre les deux instans de la lumiere & du son. Voici suivant moi un moyen plus simple. On s'assurera combien on doit compter de pulsations, au pouls du bras, dans une minute de temps; cela peut varier dans beaucoup de personnes; par des expériences réitérées avec une montre sous les yeux & dans un état de parfaite santé, j'ai toujours compté 350 pulsations, pour 5 minutes de temps, ce qui fait 70 pulsations pour une minute ou 60 secondes (*a*). Cela posé; je compte le nombre de pulsations écoulées entre les deux instans de la lumiere & du son d'une boîte ou d'un coup de canon, & je fais ensuite cette proportion 70 : 60, comme le nombre de pulsations trouvées pendant l'expérience est à un nombre de secondes, qui, à raison de 173 toises chacune, donneront la distance cherchée. On peut, par le même moyen, de jour ou de nuit, trouver la distance du tonnerre, ainsi que la vîtesse d'un nuage duquel les éclairs se répetent,

(*a*) On trouvera que l'expiration ou l'inspiration est à la pulsation : : 1 : 4.

en prenant la différence des temps de deux obſervations conſécutives & le temps écoulé entre le moment du premier éclair & celui du ſecond ; par exemple, je ſuppoſe avoir compté 30 pulſations entre 2 éclairs ſucceſſifs, 5 pulſations entre le premier éclair & le ſon, 7 pulſations entre le ſecond éclair & le ſon, je prends la différence de 7 à 5 qui eſt 2 que je réduits en ſecondes d'après la proportion ci-deſſus, & j'ai une ſeconde $\frac{5}{7}$ qui répond à 296 toiſes $\frac{4}{7}$, dont le nuage ſe ſera éloigné pendant les 30 pulſations ou 25 ſecondes $\frac{5}{7}$ (*a*). Il eſt bon de ſavoir

(*a*) On ne tient point compte dans ces expériences du temps que la lumiere emploie pour arriver aux yeux de l'Obſervateur, parce que ce temps n'eſt pas ſenſible à l'égard de celui qu'emploie le ſon pour parcourir la même diſtance. Car la lumiere emploie à 5 ſecondes près 487 ſecondes pour venir du ſoleil à la terre dont la diſtance eſt de 32830478 lieues ou 74951981274 toiſes, ce qui fait 153905505 toiſes pour une ſeconde de temps, tandis que le ſon ne fait dans le même temps que 173 toiſes ; la viteſſe de la lumiere eſt donc à celle du ſon : : 153905505 : 173 ou à peu près : : 889627 : 1. La vîteſſe d'un boulet qui eſt ordinairement de 200 toiſes par ſeconde eſt à celle du ſon : : 200 : 173 ou à peu près comme 8 : 7. C'eſt par cette raiſon qu'un homme ſe trouve toujours tué ou bleſſé avant que d'entendre le bruit du canon.

La vîteſſe du ſon eſt continuellement la même, mais ſa force eſt en raiſon inverſe des quarrés de la diſtance au corps ſonore, c'eſt-à-dire, qu'un homme à 2 ou à 3 lieues de l'origine du ſon recevroit 4 ou 9 fois moins de rayons ſonores que s'il en étoit à une lieue ; car, ſi l'air étoit partout le même, & dans un état de repos, tout le monde que le pouls fait dans une minute de temps 3 & quelquefois 4 pulsations de plus

---

fait que l'intensité ou la force du son seroit la même pour tous les points de l'espace environnans qui sont également éloignés du corps sonore ; or, les surfaces circulaires ou convexes sont entr'elles comme les quarrés de leurs rayons ; donc à une distance double ou triple du corps sonore, les rayons sonores seront 4 ou 9 fois plus rares.

L'expérience prouve que le son d'un timbre renfermé sous le récipient de la machine pneumatique diminue à mesure qu'on fait le vuide ; or, l'air devient d'autant plus rare qu'on s'éleve davantage au dessus de la surface de la terre, donc le son qui parviendra au Navigateur Aérien, qui sera à une distance déterminée du corps sonore, sera d'autant plus foible que cette distance approchera plus de la verticale.

C'est par la même raison que les Voyageurs Aériens, pour se faire entendre les uns & les autres sont obligés de se parler avec d'autant plus de force qu'ils sont plus élevés.

La présence de l'air est nécessaire pour entretenir la flamme ; car, à mesure qu'on fait le vuide dans le récipient de la machine pneumatique, on voit la bougie, qui y est renfermée, s'éteindre ; par conséquent l'activité du feu doit diminuer à mesure qu'on s'éleve au dessus de la surface de la terre, & la même quantité de matiere combustible, ainsi qu'on l'a remarqué dans les machines Aérostatiques, emploiera d'autant plus de temps à se consumer qu'on sera plus élevé.

La divergence des rayons de lumiere suit la même loi que les rayons sonores, & cela par la même raison ; donc un objet, placé à 2 ou 3 pieds d'un flambeau, recevroit 4 ou 9 fois moins de rayons lumineux que s'il en étoit à 1 pied ; de même la chaleur qu'éprouveroit un homme placé à 3 pieds d'un foyer seroit à celle qu'éprouveroit celui qui en seroit à 9 pieds comme le quarré de 9 est au quarré de 3 ou : : 9 : 1. C'est ainsi qu'on peut calculer le rapport réciproque de la lumiere & de la chaleur qu'éprouvent les Planetes par rapport à leur distance du soleil.

qu'à l'ordinaire, lorſqu'on a pris de certains alimens qui agitent plus ou moins le ſang, ce qu'on ne doit pas perdre de vue pour éviter la petite erreur qui en pourroit réſulter dans ces cas.

Ce que nous venons de dire d'un nuage peut ſervir à trouver la vîteſſe horizontale d'un Ballon duquel on répéteroit les ſignaux, pourvu toutes fois que la diſtance permette d'entendre le ſon.

Si deux Obſervateurs, placés de maniere à entendre leurs ſignaux ſans qu'ils puiſſent en voir la lumiere, deſirent connoître leur diſtance réciproque ; le premier tirera une boîte, & comptera le nombre de pulſations du pouls écoulées entre cet inſtant & celui où il entendra la réponſe du ſecond qui aura ſoin de la faire à l'inſtant qu'il en ſera averti par le ſignal du premier, on prendra enſuite la moitié du réſultat qu'on réduira en ſecondes & celle-ci en toiſes, ce qui donnera la diſtance demandée. J'ai dit qu'il falloit prendre la moitié du réſultat, parce que, pendant tout le temps de l'expérience, le ſon parcourra deux fois la même diſtance ; il n'y a point de correction à faire dans cette expérience par rapport à la vîteſſe du vent, parce que ce qui doit être ajouté à la moitié du temps de l'expérience, doit être retranché de l'autre.

Trouver la hauteur du ſegment qu'il faudroit enlever à un Ballon de 60 pieds de diametre pour que l'ouverture ou le diametre de la ſection ſoit de 20 pieds ou le rayon de 10 pieds ?

Pour réſoudre ce problême il n'y a qu'à ſe rappeller que toute perpendiculaire tirée de la circonférence d'un cercle ſur le diametre eſt moyenne proportionnelle entre les deux parties du diametre. Nommons x la hauteur de ce ſegment, la partie du diametre reſtante ſera $60-x$; nous aurons donc cette proportion $60-x : 10 :: 10 : x$. Faiſant le produit des extrêmes égal à celui des moyens ; on aura $60x-x^2=100$ ou $x^2-60x=-100$ équation du ſecond degré qui ſe réduit à $x^2-60x+900=800$, d'où l'on tire en extrayant la racine quarrée de chaque membre $x-30=\pm\sqrt{800}$, ce qui donne $x=30-28,28=1,72$ ou 1 pied 8 pouces 7 lignes $\frac{2}{3}$.

Du calcul relatif à la direction des Ballons, en faiſant uſage des Rames.

Les efforts, qu'éprouvent deux corps mus

dans un fluide, ſont entr'eux comme les quarrés de leur vîteſſe multipliés par leur ſurface choquante, & multipliés par la denſité du fluide; donc, pour que deux Rames faſſent le même effort dans le même fluide, il faut que leur ſurface ſoit en raiſon inverſe du quarré de leur vîteſſe. Dans le cas où le fluide ſera en mouvement, nous entendrons toujours par la vîteſſe d'une Rame ſur le fluide, ſa vîteſſe propre à laquelle ſera ajoutée ou ſouſtraite la vîteſſe du fluide, ſuivant que celle-ci ſera indirecte ou directe à celle-là. Par exemple, ſi une Rame a une vîteſſe de 12 pieds par ſeconde dans un fluide qui a dans le ſens contraire une vîteſſe de 6 pieds par ſeconde, la Rame fera un effort tel que ſi elle avoit ſur le fluide en repos 18 pieds de vîteſſe par ſeconde & de 6 pieds par ſeconde dans le cas contraire; cela eſt évident; ainſi, quand on aura déterminé la vîteſſe des Rames, de la maniere que nous le verrons ci-après, il faudra y ajouter la vîteſſe du Ballon, plus la vîteſſe du vent dans le cas où elle ſera contraire à celle du Ballon; on remarquera que, pour que le Ballon ait une vîteſſe continuellement uniforme, il faut que les Rames aient auſſi une vîteſſe continuellement

tinuellement uniforme ; mais comme cela ne paroît pas possible à cause de leur retour, on pourroit, pour suppléer à ce défaut, employer un nombre de Rames double de celui qui seroit nécessaire si leur vîtesse étoit continuellement uniforme, & les mouvoir de maniere que le commencement du mouvement des unes répondît à la fin du semblable mouvement des autres ; d'où il résulte que par rapport à leur retour, la surface antérieure de la moitié des Rames doit être ajoutée à la surface plane ou résistante que présentera le Ballon (*a*). A l'avenir nous entendrons par la surface choquante des Rames celle, qui, avec une vîtesse continuellement uniforme, maintiendroit la vîtesse donnée d'un Ballon ; & on se rappellera dans la pratique de faire usage d'un nombre de Rames double conformément à ce que nous avons dit ci-dessus.

Suivant M. le Chevalier de Borda, l'effort qu'éprouve une demi-sphere de la part du vent est égal à celui qu'éprouveroient par le même vent les $\frac{2}{5}$ de la surface d'un grand

(*a*) Nous négligerons le quarré de la vîtesse du retour des Rames, ainsi que leur obliquité à la direction du Ballon au commencement & à la fin de chaque impulsion.

cercle de cette même ſphere. La ſurface réſiſtante d'un Ballon mû dans l'air ſera donc les $\frac{2}{5}$ de la ſurface d'un de ſes grands cercles auxquels on ajoutera la ſurface antérieure des Rames que nous ſuppoſons être égale à la ſurface poſtérieure ou choquante.

D'après le principe précédent, il eſt clair que le quarré de la vîteſſe du Ballon multiplié par la ſurface réſiſtante eſt égal à la ſurface choquante des Rames multipliée par le quarré de la vîteſſe du centre de cette même ſurface ; ſi donc nous mettons S pour les $\frac{2}{5}$ de la ſurface d'un grand cercle d'un Ballon, V ſa vîteſſe, s la ſurface des Rames, U leur vîteſſe, on aura l'équation $\overline{S+s} \times V^2 = s\, U^2$.

On ſuppoſe, l'athmoſphere en repos & un Ballon de 40 pieds de diametre, dont la ſurface des Rames eſt égale à $\frac{1}{5}$ de la ſurface d'un grand cercle de ce Ballon ; on demande la vîteſſe du centre de la ſurface choquante pour que le Ballon ait une vîteſſe de 2 pieds par ſeconde.

Suivant l'énoncé de la queſtion on voit que la ſurface choquante eſt à la ſurface réſiſtante : : 1 : 3. L'équation ci-deſſus ſe réduira donc à $3 \times 4 = U^2$ d'où l'on tire $U = \sqrt{12} = 3{,}46$ auquel d'après ce qu'on a dit précédemment on ajoutera la vîtesse du Ballon, ce qui donnera 5,46 pieds par seconde pour la vîtesse demandée.

On suppose, pour second exemple, *qu'on veuille diriger, avec une vîtesse d'un pied par seconde, contre un vent dont la vîtesse est de 5 pieds par seconde, un Ballon de 60 pieds de diametre, dont la surface des Rames est de 400 pieds quarrés ; on demande quelle sera la vîtesse du centre de la surface choquante ?*

Les $\frac{2}{5}$ de la surface d'un grand cercle du Ballon, égalent 1131 pieds quarrés (*a*) pour la valeur de S ou surface résistante, à la vîtesse du Ballon, on ajoutera la vîtesse 5 du vent ; ce qui fait 6 pour la valeur de V; de l'équation $\overline{S+s} \times V^2 = s\,U^2$, on tire $U = \sqrt{\frac{\overline{S+s} \times V^2}{s}} = \sqrt{\frac{1531 \times 36}{400}} = \sqrt{137,79} = 11,7$ auquel on ajoutera la valeur de V; ce qui fera environ 18 pieds par seconde pour la vîtesse cherchée. Si à la fin & au commencement de chaque impulsion on fait tourner les Rames de 90 degrés, la résistance de s deviendra

(*a*) En négligeant une fraction.

à peu près zéro & l'équation $\overline{S+s} \times V^2 = s\,U^2$ se réduira à $S \times V^2 = s\,U^2$.

Selon M. Bouguer, l'eau de mer mûe avec une vîtesse d'un pied par seconde, fait équilibre à un poids de 23 onces en choquant un pied quarré de surface, & suivant M. Mariotte, l'air mû avec une vîtesse de 24 pieds par seconde fait le même choc sur la même surface; donc, en multipliant par 23 onces les 1131 pieds quarrés de surface résistante du dernier exemple, on aura en nombre entier 1626 livres pour l'effort que feroit sur cette surface le vent dont la vîtesse seroit de 24 pieds par seconde; mais dans l'exemple ci-dessus cette vîtesse est quatre fois plus petite, l'effort doit donc être 16 fois moindre, c'est-à-dire, 101 livres $\frac{5}{8}$ (*a*). De là on pourra pour tous les cas déterminer la force du corps de chaque Rame pour qu'elle puisse résister aux efforts dont elle sera susceptible, ainsi que la force qu'il faudra lui appliquer, eu égard à toutes ses dimensions (*b*).

(*a*) La force du vent est proportionnelle à la densité de l'air, donc à la hauteur d'environ 945 toises elle doit être moitié moindre qu'à la surface de la terre.

(*b*) Un Rameur d'une force ordinaire peut faire à chaque impulsion un effort de 40 livres.

Moyen de déterminer par le calcul la vîtesse ascensionnelle d'un Ballon.

On entendra dans cet article par force ascensionnelle d'un Ballon, le poids qu'il faudroit lui ajouter pour le tenir en équilibre ou pour l'empêcher de s'élever davantage; avec un peu d'attention on comprendra que la force ascensionnelle diminue proportionnellement à la colonne de mercure du Barometre comprise entre le point où se trouve le mercure au moment du départ du Ballon, & celui où le mercure sera descendu au moment où le Ballon cesse de monter; par exemple, si un Ballon a une force ascensionnelle de 2000 livres, & qu'on ait trouvé par les regles précédentes qu'il doit s'élever à la hauteur correspondante à 20 lignes d'abaissement du mercure; dans ce cas lorsque le Ballon sera élevé à 10 toises 1 pied, sa force ascensionnelle ne sera plus que de 1900 livres; à 20 toises 3 pieds elle ne sera plus que de 1800 livres, ainsi de suite jusqu'à la 20e. ligne d'abaissement du mercure où la force ascensionnelle sera zéro: & il est évident, en se rappellant de ce qui précede, que la densité de l'air ne diminue pas suivant cette loi ; d'où il faut conclure que la vîtesse ascensionnelle diminue à mesure que le Ballon s'éleve ; car, si la densité de l'air diminuoit proportionnellement à la force ascensionnelle, cette vitesse seroit la même pour tout le temps que le Ballon emploiroit à parvenir à sa plus grande hauteur.

Puisque la résistance qu'éprouve un Ballon mu horizontalement est égale à la force impulsive des Rames, la résistance qu'il doit éprouver de haut en bas en s'élevant, doit être égale à la force ascensionnelle qui agit de bas en haut ; donc en nommant *F* la force ascensionnelle du Ballon, *V* sa vîtesse, *S* la surface résistante, *D* la densité de l'air, on aura l'équation $F = S V^2 D$ de laquelle on déterminera chacune des quatre quantités, les trois autres étant connues.

Supposons un Ballon de 60 pieds de diametre & sa force ascensionnelle de 400 livres, on demande sa vîtesse ascensionnelle au commencement de son départ ?

On divisera la force ascensionnelle par 1131 pieds quarrés qui est la surface résistante du Ballon, on aura 5 onces $\frac{745}{1131}$ pour l'effort qu'éprouveroit un pied quarré de cette surface ; nous avons dit que le vent ou l'air mû avec une vîteſſe de 24 pieds par ſeconde fait un effort de 23 onces contre un pied quarré de ſurface, & puiſque les efforts ſont proportionnels aux quarrés des vîteſſes, nous aurons le quarré de la vîteſſe du Ballon par cette proportion ; 23 onces eſt au quarré de 24 comme 5 onces $\frac{745}{1151}$ eſt à un quatrieme terme qui eſt 141,7 dont la racine quarrée eſt 11 pieds $\frac{2}{3}$ par ſeconde pour la vîteſſe demandée (*a*).

(*a*) La vîteſſe d'un boulet de 6 pouces de diametre étant par exemple de 1200 pieds par ſeconde à l'inſtant de ſon départ, trouver pour cet inſtant l'effort qu'il doit éprouver de la part de l'air.

La force réſiſtante ou les $\frac{2}{3}$ de la ſurface d'un grand cercle de ce boulet égale $\frac{11}{140}$ d'un pied quarré ; on cherchera d'abord l'effort qu'éprouveroit un pied quarré de ſurface avec une vîteſſe de 1200 pieds par ſeconde ; par cette proportion le quarré de 24 eſt à 23 onces comme le quarré de 1200 eſt à un quatrieme terme qui eſt 57500 onces, & pour avoir l'effort qu'éprouveroient les $\frac{11}{140}$ d'un pied quarré on fera cette autre proportion 140 : 57500 : : 11 eſt à un quatrieme terme qui eſt 4517 onces $\frac{6}{7}$ ou 282 livres en négligeant une fraction ; le boulet éprouveroit un effort 800 fois plus grand en entrant dans un air auſſi denſe que l'eau, par conſéquent il parcourroit dans celui-ci une diſtance 800 fois plus petite ; & puiſque les ſurfaces des cercles ſont comme les quarrés de leur diametre, ſi avec la même vîteſſe nous avions ſuppoſé un boulet de 3, ou 2 pouces de diametre, les efforts que nous venons de déterminer ſeroient 4 ou 9 fois moindres. C'eſt par la réſiſtance qu'éprouve un corps mû dans un fluide qu'une balle de plomb s'applatit, étant mûe dans l'eau avec une certaine vîteſſe.

On ſuppoſe, pour ſecond exemple, un Ballon de la même grandeur, dont la force aſcenſionnelle eſt de 142 livres, à la hauteur qui répond à la fin de la 22e. ligne d'abaiſſement du mercure dans le Barometre (a). Trouver pour cette hauteur ſa vîteſſe aſcenſionnelle pour une ſeconde de temps ?

L'épaiſſeur de la couche d'air qui répond à la 22e. ligne d'abaiſſement du mercure eſt égale à 10 toiſes, plus 22 pieds, ce qui fait 82 pieds, mais la denſité de l'air eſt en raiſon inverſe de l'épaiſſeur des couches, donc la denſité de la couche d'air qui répond à la 22e. ligne d'abaiſſement du mercure eſt à celle de la couche qui répond à la premiere ligne : : 61 : 82. Et puiſque l'effort eſt proportionnel à la denſité de l'air, pour avoir celui qu'éprouveroit un pied quarré de ſurface à cette hauteur avec une vîteſſe de 24 pieds par ſeconde, on fera cette proportion, 82 : 61 : : 23 onces eſt à un quatrieme terme qui eſt 17 onces $\frac{9}{82}$. Maintenant ſi nous diviſons la force aſcenſionnelle qui eſt 142 livres par 1331, nous aurons en-

(a) On trouvera la force aſcenſionnelle pour telle ligne d'abaiſſement du mercure qu'on voudra, en ſe rappellant de ce qui précede.

viron 2 onces pour l'effort qu'éprouveroit chaque pied quarré de la surface résistante du Ballon ; & pour avoir sa vîtesse on fera cette autre proportion 17 onces $\frac{9}{12}$ est au quarré de 24 comme 2 onces sont à un quatrieme terme qui est 67, 25 dont la racine quarrée est 8 pieds $\frac{1}{5}$ pour la vîtesse demandée à la hauteur de 262 toises 1 pied qui répond au terme donné.

En supposant l'endroit de l'expérience au niveau de la Mer & le mercure du Barometre à 28 pouces de hauteur, trouver de combien de lignes le mercure aura baissé lorsque le Ballon sera arrivé à la hauteur qu'on suppose de 262 toises ?

Appellons x le nombre de lignes dont il s'agit ; pour la avoir hauteur exprimée en pieds qui répond à x lignes d'abaissement du mercure, il faut multiplier x par 10 toises ou 60 pieds & de plus multiplier $x + 1$ par $\frac{x}{2}$ ce qui fera en tout $60\,x + \frac{x^2 + x}{2}$; or cette quantité doit être égale à 262 toises ou 1572 pieds, donc $60\,x + \frac{x^2 + x}{2} = 1572$ ou $x^2 + 121\,x = 3144$ & $x + \frac{121}{2} = \sqrt{\frac{27217}{4}} = \sqrt{6804,25} = 82,4$; donc $x = 82,4 - \frac{121}{2} = 82,4 - 60,5 = 21,9$ ou à-peu-près 22 lignes, ce qui confirme l'exemple précédent.

Si l'athmosphere est en mouvement, & qu'on suppose la vîtesse ascensionnelle du Ballon être la même pour tout le temps de son ascension, la ligne qu'il décrira sera la diagonale *A C* (*fig. 8*) du parallelogramme *A B C D* qui aura pour hauteur celle à laquelle le Ballon doit s'élever, & pour base la distance horizontale que la vîtesse du vent lui fera parcourir pendant le temps de son ascension; mais puisque la vîtesse ascensionnelle du Ballon va toujours en diminuant, cette ligne doit être la courbe *A E* qui différera de la diagonale *A C*, laquelle sera d'autant plus inclinée à l'horizon que la vîtesse du vent sera plus grande; dans tous les cas on aura cette inclinaison par cette proportion, la vîtesse du vent pour une seconde de temps est à la vîtesse ascensionnelle du Ballon pour la premiere seconde après son départ, comme le rayon est à la tangente de l'inclinaison demandée. (*a*)

(*a*) On pourra connoître la vîtesse du vent par la vîtesse du son retardée ou accélérée par celle du vent. Dans le premier cas on retranchera la vîtesse du son, retardée par celle du vent, de la vîtesse propre du son, le reste sera la vîtesse

Le Ballon étant arrivé en *E* parcourra une ligne courbe paralelle à la ſurface des eaux, car s'il parcouroit une ligne droite il s'éleveroit continuellement, ce qui eſt impoſſible.

Les queſtions relatives à la Navigation Aérienne, ſe réſoudront par les mêmes regles de la Navigation ordinaire. Suppoſons pour un exemple qu'un Ballon parti de Lyon ſoit arrivé à Paris, on demande le rhumb de vent & la diſtance parcourue?

On prendra dans les tables des latitudes croiſſantes qu'on trouvera dans les Traités de Navigation, la différence des latitudes croiſſantes du lieu de départ & d'arrivée, & on fera cette proportion : la différence

---

du vent, & dans le ſecond cas on retranchera la vîteſſe propre du ſon de la vîteſſe du ſon accélérée par celle du vent, le reſte donnera la vîteſſe du vent. En ſuppoſant par exemple que l'Obſervateur, diſtant de l'origine du ſon de 2520 toiſes ſur une ligne parallele à la direction du vent, ait compté 15 ſecondes de temps entre l'inſtant de la lumiere & celui du ſon d'une boëte ou autre choſe ſemblable; on cherchera la vîteſſe propre du ſon pour 15 ſecondes de temps, ce qui ſera 15 fois 173 toiſes ou 2595 toiſes, deſquelles on ſouſtraira 2520 toiſes, le reſte ſera 75 toiſes pour la vîteſſe du vent pendant les 15 ſecondes de temps ce qui revient à 5 toiſes ou 30 pieds par ſecondes. On voit, ainſi que nous venons de le dire, comment il faudroit s'y prendre pour le cas où la vîteſſe du ſon ſeroit accélérée par celle du vent.

des latitudes croiſſantes eſt au nombre de minutes de la différence en longitude comme le rayon eſt à la tangente du rhumb de vent. On réduira en lieues, à raiſon de 25 au degré la différence en latitudes & on fera cette proportion, le Coſinus du rhumb de vent eſt au rayon comme le nombre de lieues nord & ſud eſt au nombre de lieues de diſtance. On connoît la latitude & la différence en longitude du lieu de départ & d'arrivée. En faiſant l'opération on trouvera le rhumb de vent de 29°. 47' qui eſt l'angle que fera la route avec la ligne nord & ſud qu'on connoîtra par le moyen de la Bouſſole, & on trouvera environ 88 lieues $\frac{1}{3}$ pour la diſtance parcourue.

Puiſque les circonférences ſont comme les rayons, on trouvera qu'un Ballon élevé à 2283 toiſes qui feroient 100 lieues par rapport à la ſurface de la Mer, parcourroit dans les airs 100 lieues plus 159 toiſes, parce qu'il décriroit un cercle dont le rayon auroit une lieue de plus que celui du Globe terreſtre.

Les objets diſparoiſſent à la vue des Navigateurs Aériens parvenus à une moyenne hauteur, parce qu'ils préſentent peu de ſurface en ce qu'ils ne ſont vus que par leurs extrémités, & que d'ailleurs on confond cette ſurface avec celle de la terre, ce qui n'arrive pas quand on voit les objets ſur une ligne horizontale.

On retirera un plus grand avantage des Aéroſtats, lorſqu'on aura trouvé le moyen d'en rendre l'enveloppe imperméable au gaz, parce qu'alors on reſtera dans les airs à volonté, & en profitant d'un vent favorable on parcourra ſur mer comme ſur terre de très-grandes diſtances en peu de temps, & on pourra même faire le tour de la terre, pourvu que la route ne faſſe pas avec la ligne nord & ſud, un angle trop petit à cauſe des froids inſupportables qui regnent vers les extrémités de cette ligne.

En ſuppoſant la terre parfaitement ronde, & le poids de chaque colonne d'air égal à celui d'une colonne de mercure de même baſe & de 28 pouces de hauteur, trouver le poids de l'atmoſphere ?

La circonférence de la terre étant de 9000 lieues ou 123282000 pieds, en ſe ſervant du rapport 113 : 355, on trouvera le diametre de 39241876 pieds $\frac{4}{71}$, multipliant ce nombre par la circonférence on aura 493741290777464 pieds quarrés $\frac{56}{71}$ pour la ſurface de la terre, qui étant multipliés par 2286 livres $\frac{2}{7}$ poids d'une colonne de mercure d'un pied quarré de baſe, & de 28 pouces de hauteur, produiſent 1129021752066802816 livres $\frac{"4}{71}$ pour le poids demandé.

FIN.

Lu & approuvé. *A Lyon, le 22 Décembre 1784.*
BRUYS DE VAUDRAN.

Vu l'Approbation, permis d'imprimer. Lyon, le 23 Décembre 1784.

BASSET.

Poids du volume d'air égal au volume du Ballon.	Poids du Ballon y compris le gaz.	Hauteur à laquelle le Ballon doit s'élever au dessus du niveau de la Mer.	Distance à laquelle la vue du Navigateur Aérien pourra s'étendre de toute part à raison de 2283 toises pour une lieue.		Inclinaison de l'horizon.	
Rapport.		*Toises.*	*Lieues.*	*Toises.*	*Degr.*	*Min.*
9	8	92	11 +	1412	.	23
8	7	105	12 .	1034	.	26
7	6	122	13 .	966	.	27
6	5	147	14 .	1677	.	29
5	4	185	16 .	1000	.	34
9	7	214	17 .	1777	.	36
4	3	253	19 .	755	.	39
7	5	309	21 .	730	.	43
3	2	400	24 .	698	.	49
8	5	496	27 .	151	.	56
5	3	564	28 .	1968	.	59
7	4	653	31 .	129	1 .	3
9	5	708	32 .	571	1 .	10
2	1	945	37 .	824	1 .	16
15	7	1129	40 .	1911	1 .	23

Errata.

Page 46 . . 493741290777464

liser 4837816963977464

ibd. . . 1129021752066802816

liser 11062478790961802816

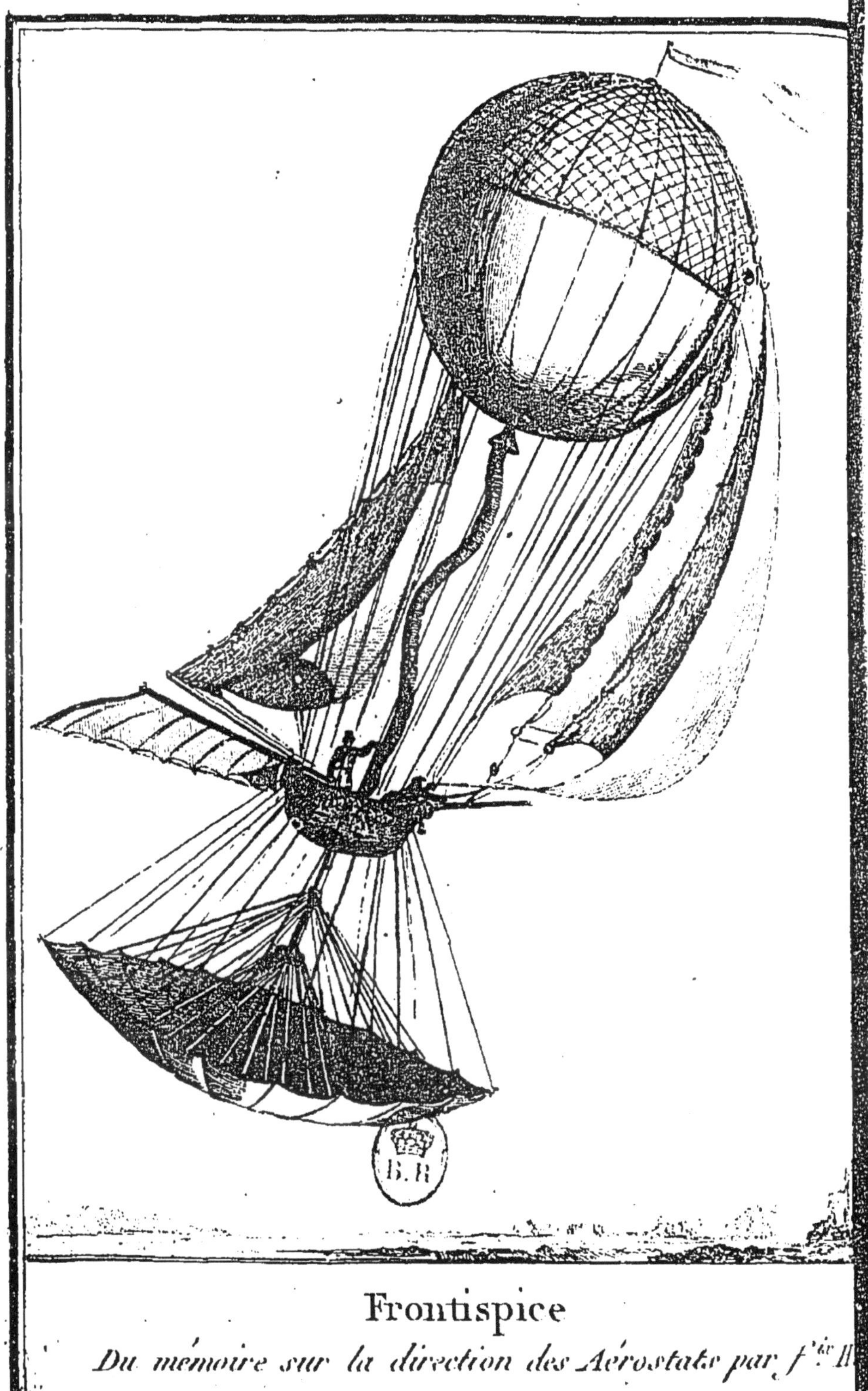

Frontispice

Du mémoire sur la direction des Aérostats par f.[r] H

www.ingramcontent.com/pod-product-compliance
Ingram Content Group UK Ltd.
Pitfield, Milton Keynes, MK11 3LW, UK
UKHW021129230726
13926UKWH00002B/693